生物燃料产业内贸易

——环境立法是如何加剧资源利用和温室气体排放的

著者　塞斯·梅耶　约瑟夫·施米德胡贝
　　　耶酥·巴雷罗-胡尔勒
翻译　陆美芳　王一方　季雪婧
审校　王一方

中国农业出版社
联合国粮食及农业组织
2017·北京

图书在版编目（CIP）数据

生物燃料产业内贸易：环境立法是如何加剧资源利用和温室气体排放的 /（　）塞斯·梅耶，（　）约瑟夫·施米德胡贝，（　）耶酥·巴雷罗-胡尔勒著；陆美芳，王一方，季雪婧译．—北京：中国农业出版社，2017.4
ISBN 978-7-109-22836-8

Ⅰ.①生… Ⅱ.①塞… ②约… ③耶… ④陆… ⑤王… ⑥季… Ⅲ.①生物燃料—研究 Ⅳ.①TK6

中国版本图书馆 CIP 数据核字（2017）第 069757 号

著作权合同登记号：图字 01-2017-0646 号

中国农业出版社出版
（北京市朝阳区麦子店街 18 号楼）
（邮政编码 100125）
责任编辑　郑　君　刘爱芳

北京中科印刷有限公司印刷　　新华书店北京发行所发行
2017 年 4 月第 1 版　　2017 年 4 月北京第 1 次印刷

开本：700mm×1000mm　1/16　　印张：2
字数：25 千字
定价：20.00 元

02—CPP14/15

本出版物原版为英文，即 *Intra-industry Trade in Biofuels: How Environmental Legislation Fuels Resource Use and GHG Emissions*，由联合国粮食及农业组织（粮农组织）于2012年出版。此中文翻译由中国农业科学院农业信息研究所安排并对翻译的准确性及质量负全部责任。如有出入，应以英文原版为准。

本信息产品中使用的名称和介绍的材料，并不意味着联合国粮食及农业组织（粮农组织）对任何国家、领地、城市、地区或其当局的法律或发展状态，或对其国界或边界的划分表示任何意见。提及具体的公司或厂商产品，无论是否含有专利，并不意味着这些公司或产品得到粮农组织的认可或推荐，优于未提及的其他类似公司或产品。

ISBN 978-92-5-509574-0（粮农组织）
ISBN 978-7-109-22836-8（中国农业出版社）

粮农组织信息产品可在粮农组织网站（www.fao.org/publications）获得并通过publications-sales@fao.org购买。

联合国粮食及农业组织（FAO）
中文出版计划丛书
译审委员会

摘　　要

最近一个时期，我们可以看到美国与巴西之间大量的乙醇产业内贸易。这种趋势始于2010年，依托两国间大量错综的交易渠道，贸易量在2011年下半年加速增长。同质化产品的双边贸易或产业内贸易并不是一个新鲜现象，引起这种现象的原因通常有以下几种，比如季节性，或者因跨境贸易带来的运输成本差异，等等。但是我们发现，传统的市场因素无法解释美国和巴西之间存在的显著的大规模乙醇产业内贸易。相反，这种贸易更像是受差别化的和不对等的环境政策所驱动，这些政策是以生物燃料的信任属性为基础，目标是发现基础原料生产方法和工艺方法中的差别，这些差别是消费者难以察觉的。结论就是环境立法正在推动产品的差别化，从而带来两国贸易的获利空间，导致另外一种物理上同质化产品的双边贸易；这样下去，伴随着温室气体排放和对消费者的政策成本提升，乙醇的相互交易带来额外的化石能源的消耗，这可能会抑制需求，进而降低对化石燃料的替代，这两者都将与许多生物燃料计划所阐述的环保目标有直接冲突。

生物燃料产业内贸易的潜力将受欧盟立法的变化而进一步扩展。随着生物燃料生产的环境强约束被纳入欧盟的政策体系，各种可再生能源的竞争潜力进一步增长，在欧盟、美国和巴西，可再生能源的范围从生物乙醇扩展到包括生物柴油和（或）基础原料（油菜籽和玉米）。由于各自不同的政策对生物燃料产品区分的差别，这将可能会在三大地区产生额外的套利机会。最终，我们要作出选择，利用一种“登记和声明”制度以缓解这种意外的结果，由此每个国家在采取措施适应降低成本和温室气体排放的同时，能够继续追求各自的政策目标。

关键词：乙醇，生物燃料，生物燃料政策，授权，贸易

《经济文献杂志》分类号：F14 Q17 Q18 Q41 Q48 Q58

目　　录

0　引言

2010 年在全球生物燃料经济中出现了一个新的现象：作为最重要的乙醇生产者、消费者和贸易商，巴西与美国之间生物乙醇的相互交易，一个是从甘蔗中生产乙醇，另一个是由玉米中生产乙醇，物理上与甘蔗中的乙醇无法区别。现在已经知道的乙醇产业内贸易在 2010 年年底前一直保持小量的规模，因而并不引人注意或在全球市场环境中被忽视。然而，2011 年巴美两国间乙醇产业内贸易的大幅度增长的现象很难被人忽视。这里我们提出问题来讨论这个现象的深层次原因、相关的经济和环境成本，以及研判在现行政策下，乙醇产业内贸易很可能会增长到不可持续的水平。

1　贸易理论及产业内贸易的基本原因

两个国家之间的工业产品货物相互交易，既不是一个新事物，在文献中也不缺乏对这类贸易的解释。对工业产品货物而言，产业内贸易（IIT）是指属于相同产业的同类产品交易，既进口同时又出口相同类型的产品和服务。此类贸易动机的争论，包括产品的天然条件、品质和资本强度的差异，以及经济化分工和规模经济的不同。尽管这些方法有助于解释诸如汽车、个人电脑这样差别化制造品的交易，甚至可以解释不同类型的水果、饮料等差别化食品和农产品的交易，但是在不考虑其他额外因素的情况下，无法解释眼前的这种现象，也就是像乙醇这类同质产品的相互交易。

2　食物与农产品的产业内贸易——常见解释

一些贸易类文献对非差别化农产品的交易提出了相关理由，在这部分我们将提出这些理由，并证明其并非是 2010 年以来美国和巴西乙醇贸易的动因。

2.1 交易数据中的聚集或分类问题

贸易流量的分类不足以区分什么是不同的产品。按照用 HS-6 水平（HS382490）测试的纯无水乙醇和在标准单位下调整到适度含水量的乙醇，贸易流量数据无法掩盖各种不同成分的产品流量，因而这个理论并不适用这种情况。

2.1.1 季节性

年度贸易统计数据可能只是简单地掩盖了常见现象，国家之间有时会大规模交易其他的同质产品，以适应淡季消费者的需要，通过一年内的商品交易来平衡解决紧缺的状况。更重要、更常见的是利用南北半球季节性差价的贸易流量。如果季节性是一个动因，贸易流量在全年度将会显示出一种淡季与旺季的模式，以此来弥补国家性的不足与过剩，并充分利用在每个国家的贮藏成本。然而，观察最近几个季度的乙醇贸易流量显示，产业内贸易流量是同步的增长和下降或者是助长周期性波动，而不是间歇性或反周期性的波动变化（图 1a），特别是巴西经由加勒比地区[①]国家出口到美国时，都被包含在这些贸易流量里（图 1b）。乙醇贸易顺周期性变化规律对季节性的论证提出了质疑。

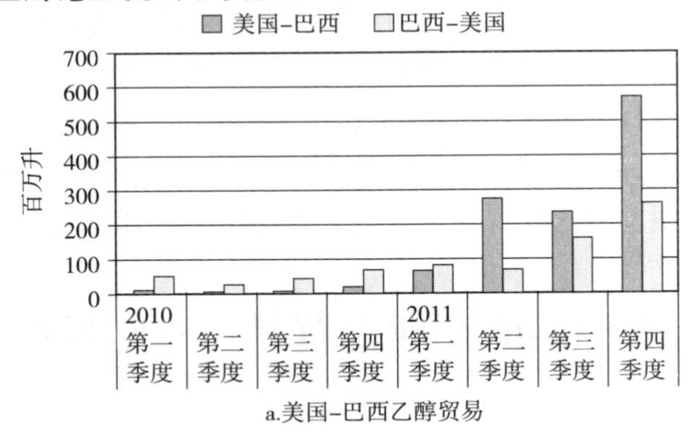

a.美国-巴西乙醇贸易

① 在这一段时期，美国乙醇征收每加仑 0.54 美元（1 加仑=3.785 升，下同）的进口关税，对加勒比地区国家豁免，许多来自加勒比地区国家的乙醇产自于巴西。

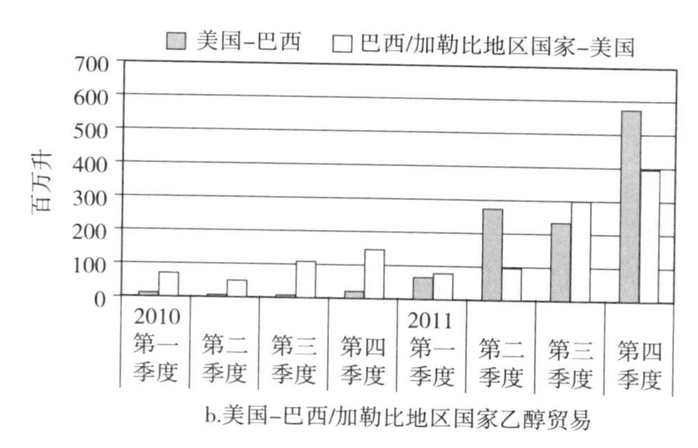

图 1　巴西和美国 2010—2011 年双边季度性乙醇贸易，
包括和不包括通过加勒比地区国家的出口

来源：全球贸易信息中心（GTIS）。

2.1.2　边境贸易

此类现象多发生在拥有很长物理边界的大国，或者是在供需地区间缺乏有效内部运输渠道，这种情况下跨境交易同质产品利润可能更加丰厚，而不仅仅是在自己境内交易，因为跨境贸易意味着更低的运输成本。边境贸易在这里似乎并不是一个问题，因为巴西与美国并不接壤，这两个国家间乙醇货运成本是美国境内从乙醇生产中心到消费中心货运成本①的数倍。当导致乙醇产业内贸易的传统原因被否定，我们推测乙醇产业内贸易应归功于乙醇一个非差别性属性②，这已深深扎根于以美国和巴西为代表的生物燃料经济政策体系中：将乙醇作为化石燃料的替代性燃料，以减少温室气体。

3　产业内贸易是一种过程分化的政策性现象

关于美国各种生物燃料项目背后的驱动力和产业发展道路，有过一些

① 2007 年从艾奥瓦州的西南部到加利福尼亚的洛杉矶区单位列车价格达到每加仑 0.13 美元（USDA，2007），从巴西到美国的运输成本达到每升 0.18 雷亚尔，按照 1 美元兑换 2.15 雷亚尔计算，大约折合每加仑 0.32 美元（Crago 等，2010）。

② 在消费需求文献中我们讨论的是消费者无法购买消费实践的信任度属性（Roosen 等，2007）。

复杂的讨论。国家目标非常广泛，从国内能源生产和自给自足，到希望解决全球关注的温室气体减排问题，最后又成为研究纯农户和农场收入资助领域的原因。

美国联邦政府层面的乙醇补贴源于《1978 年能源税收法案》，乙醇免除汽油消费税的条款，相当于每加仑乙醇 0.4 美元（每升 0.11 美元）的价值，这得益于 OPEC 石油禁运的时间与降低能源消费和进口依赖的需求①。1980 年，进口乙醇被强迫征收每加仑 0.54 美元（每升 0.14 美元）的关税②。这个关税没有对进口燃料的生产工艺或原料加以明确区分，但是影响到了乙醇贸易，包括来自于巴西的从甘蔗中生产的乙醇。随后的《1990 年洁净空气法修正案》，以及已经显现的发动机燃料消耗对空气质量的影响，使针对环境问题的可再生能源政策开始有了重要支点。2005 年，《能源政策法案》（美国公法 109－58）增加了定量化的授权条款，除了混合税抵免和进口关税外，从 2006 年度可再生能源消耗量 400 万加仑，到 2012 年度可再生能源消耗量 75 亿加仑（284 亿升）。由于燃料添加剂甲基叔丁基醚（MTBE）是地下水污染物从而被淘汰，乙醇产业得到了进一步发展，乙醇成为事实上的替代燃料，需求大幅度增长，并导致乙醇产业自 2007 年年初以来快速扩张。

设立量化混合规定的《2005 年能源政策法案》，开始了基于原料或生产过程来区分可再生燃料的实践，比如，定义纤维素生物燃料，为满足可量化的规定，把 1 物理加仑纤维素生物燃料等量于 2.5 加仑可再生燃料来计算。在《2007 年能源独立和安全法案（EISA）》（美国公法 110-140）中授权体系被进一步区分和扩展。

虽然有很多理由说明生物燃料政策要扩展，目前仍被美国应用的主要政策手段包括环境立法要素和明确的培养环境友好型的目标、低碳的生产工艺。本质上来讲，所有生物燃料的分类基本上都是由原料和生产工艺决定的，而不是最终的产品（表 1）。这种区分造成了源于非物理属性的产品价格差异的可能性，还带来了采用不同分类标准表或没有分类标准表的国家存在套利的机会。所不同的是，旨在影响生产工艺、促进环保低碳的

---

① 汽油消费税是每加仑 0.04 美元，当混合物达到最低 10%时，这个税费达到每加仑乙醇 0.4 美元。

② 1980 年乙醇进口关税。

生物燃料政策，导致了产品水平上的差异，促进了另外物理上同质化产品无水乙醇的交易，这是一种碳排放、也不利环保的贸易。在此情形下，运输燃料在资源节约政策的名义下被消耗，运输成本增加了消费者的最终价格，进而抑制了可再生燃料的需求。鉴于政策体系框架的复杂程度，综合分析现有生物燃料政策以及它们如何支持乙醇产业内贸易，是非常必要的。

表 1 《2007 年能源独立和安全法案》规定的可再生燃料分类概述

法规	温室气体减少最低量（%）	原料、燃料和加工工艺
可再生燃料（T）	20	（以上全部以及）玉米淀粉乙醇
先进燃料（A）	50	（以上全部以及）甘蔗、除玉米外淀粉、源于石油加工的生物柴油、丁醇、沼气
生物柴油（B）	50	蒸馏置换物：植物油、动物脂肪、废油脂、动物废弃副产品，排除与石油共加工
纤维素生物燃料（S）	60	源于纤维素、半纤维素或源于可再生生物质（现有耕地生产）的木质素：专用作物，作物残茬，树木及残茬，庭园垃圾，食用残渣

注：除了已明确的（如前述的玉米淀粉）以外能够满足温室气体减排最低量要求的每类其他可能原料。

来源：《2007 年能源独立和安全法案》。

4 美国生物燃料政策和与巴西产业内贸易的潜能

《2005 年能源政策法案》设立的混合税抵免和关税制度在 2011 年年底终结，继续执行的是《2007 年能源独立和安全法案（EISA）》中可再生燃料标准 2（RFS2）的授权制度。在 RFS2 中，燃料的种类被进一步细分，规模数量被大大地扩展（表 1）。授权制度（可再生燃料、高级生物燃料、生物质柴油、纤维素生物燃料）不是被单独区分授权，而是定量了最低值被包含在可再生燃料的授权里。

法律规定的四种类型被划分对应于四类燃料，温室气体排放生命周期的减少涉及汽油或柴油交通燃料、原料和制造工艺。

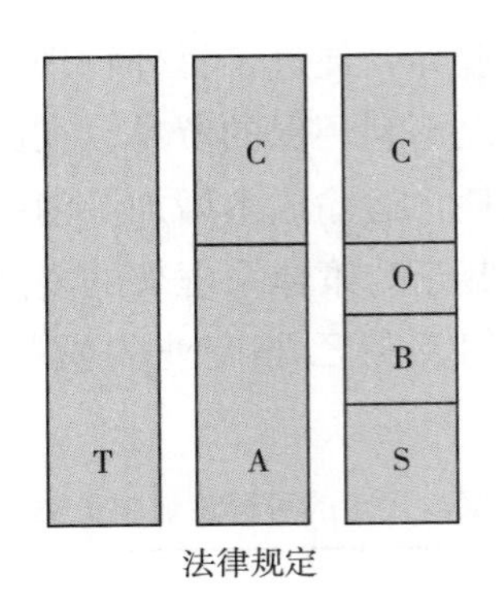

规定数量
T：可再生燃料的规定
A：先进燃料的规定
B：生物柴油的规定
S：纤维素生物燃料的规定
潜在空间差距
C：常规乙醇的空间
O：其他先进燃料的空间

图 2　嵌套授权

来源：作者阐述。

表 2　《2007 年能源独立和安全法案》规定

单位：百万加仑

	2009	2010	2011	2012	2013	2014	2015	2016	2017	2018	2019	2020	2021	2022
可再生燃料	11 100	12 950	13 950	15 200	16 550	18 150	20 500	22 250	24 000	26 000	28 000	30 000	33 000	36 000
高级生物燃料部分（A）	600	950	1 350	2 000	2 750	3 750	5 500	7 250	9 000	11 000	13 000	15 000	18 000	21 000
纤维素生物燃料（S）	0	100	250	500	1 000	1 750	3 000	4 250	5 500	7 000	8 500	10 500	13 500	16 000
生物质柴油（B）	500	650	800	1 000	1 280	1 280	1 280	1 280	1 280	1 280	1 280	1 280	1 280	1 280
潜在的可再生燃料空间(O)	10 500	12 000	12 600	13 200	13 800	14 400	15 000	15 000	15 000	15 000	15 000	15 000	15 000	15 000
潜在的高级燃料空间(C)	0	0	0	0	0	80	580	1 080	1 580	2 080	2 580	2 580	2 580	3 080

来源：《2007 年能源独立和安全法案》。

纤维素生物燃料（S）和生物柴油（B）这两种类型生物燃料的消耗量设定了最低标准。纤维素生物燃料并不是特指生物乙醇，而是以生物质材料为原料，从纤维素、半纤维素或木质素中获取制造的燃料，降低温室气体排放量至少达到 60%。生物柴油[①]是指以菜油或者动物脂肪等为原

① 定义源自于《1992 年能源政策法案》。

料，通过蒸馏等工艺制成的可替代石化柴油的燃料，降低温室排放量至少达到50%。高级生物燃料包含了纤维素生物燃料和生物柴油，其用量标准（A）大于（或等于）纤维素生物燃料和生物柴油的用量标准之和，这样就为其他的尚未明确的高级生物燃料制造了一个潜在缺口（O=A-B-S），用于满足日后逐渐增大的用量标准（表1）[①]。高级生物燃料能够通过混合来利用潜在的缺口，其定性也取决于原材料和降低温室气体排放的百分比。按照要求，高级生物燃料降低温室气体排放至少达到50%，成分中包含的乙醇必须是基于蔗糖，而不是基于玉米淀粉的乙醇。高级生物燃料标准是嵌套在覆盖范围更广的可再生燃料标准（T）之中。这种包含于的关系又制造了一个潜在的可再生燃料的缺口（C=T-A），这个缺口就是基于玉米淀粉的乙醇（表2）。由于这个缺口有最低限度，每个种类的全部产品都能够适应更大、更不受限制的标准用量。也就是说，基于蔗糖的乙醇，与高级生物燃料掺混，如果用量能够满足可再生燃料的总体要求，就可以减少基于玉米淀粉乙醇的用量，但是反过来是不成立的。这样就在多种燃料中创建出一个基于标准进行分类的层级结构，虽然产品本身的差异性，这里主要指乙醇，是不易区别的（Thompson等，2009）。

由于消费者基本无法区分不同的生物燃料，所以生物燃料在零售定价上面不能有区别[②]。也因为这样，法定义务中的一个电子跟踪系统就将附加利益转化成了价格奖励。可再生识别码（RIN），这一用于跟踪法定合规性的电子分类工具，对批发市场上的可再生燃料进行了区分。生产商给每一批次的燃料标有可再生识别码，燃料在出售给混合商（美国可再生燃料标准规定的义务方）时必须带有该识别码。这样一来，生物燃料的批发价格就包含了识别码的内涵价值。识别码标识了四种分类中可再生燃料符合的最高分类以及体积和生产时间。一旦可再生燃料被混合，识别码就可以分开用于证明合规性，或者出售给其他混合商去履行义务，代替他们自己的物理共混。这类似于“登记和声明”体系（Schmitz，2007）。在规范市场中，每个可再生识别码有不同标价是可能的。所以，尽管燃料看似相

---

① 潜在的高级生物燃料的计算是复杂的，这是由于生物柴油的法规授权中是物理加仑，对于高级生物燃料的法规授权和总体的法规授权而言，每个物理加仑等同于1.5加仑。

② 除非有一个特定的标志方案落实到位。然而，消费需求调查显示，消费者并不太愿意购买生物燃料（Gracia等，2011）。

同，但是基于法定合规性，它们在批发时可以有不同的价格（Thompson等，2011a；Thompson等，2011b）。由过程或输入产生的商品可再生识别码分类上的差别，与商品物理特性相对，这为套利开启了一扇大门，即一个外表看似一致的产品可以在国家间交叉运输，或者基于不同的合规体系来重组贸易。

在美国，生物燃料的主要原料是玉米，他们将谷物的淀粉发酵成乙醇。由于目前美国市场上没有其他有竞争性的燃料，所以大众广泛认为，美国可再生燃料标准中许多潜在的高级燃料的缺口，必须由进口的甘蔗乙醇来填补（FAPRI，2012；OECD/FAO，2012）。如果潜在的高级燃料的缺口是可以忽略的，或者对于进口的需求足够小，或者除美国以外的国家没有出台关于生物燃料的政策，那么巴西和美国间蔗糖乙醇和玉米乙醇的产业内贸易就可能趋于零。然而，上述因素没有一个是成立的，且美国的政策也在推动生物燃料的进口需求。

环境保护署（EPA）面临着一个窘境，即产能不足以满足2010、2011和2012年法定的纤维素生物燃料的要求。所以他们被迫大幅降低要求，选择忽视关于高级燃料的全部法令（表3）。纤维素乙醇的不足，加上环保署的决定，保全了其他的法规。这意味着潜在的高级燃料缺口在扩大，甚至造成2011年对于不明确高级燃料（任何一种符合高级燃料分类的燃料［A］均可，不一定是生物柴油［B］或者纤维素生物燃料［S］）的需求，且推动美国乙醇进口的发展。玉米淀粉乙醇的足量供应推动了美国乙醇的出口，其中大部分出口到了巴西（图1）。

表3　环保署对纤维素生物燃料法令做的调整

	2010	2011	2012
《2007年能源独立和安全法案》中的纤维素生物燃料法令（百万加仑）	100	250	500
环保署放弃的纤维素生物燃料（百万加仑）	6.5	6.6	8.65
环保署数量相对于《2007年能源独立和安全法案》规定标准的百分比（%）	6.5	2.6	1.7

来源：美国环保署因《2007年能源独立和安全法案》调整的法规制定。

忽略纤维素生产上的不足，通过潜在的高级燃料缺口，美国进口乙醇的潜在市场（受法令驱使的）在2022年将增长至30.8亿升（表4），这个数字等同于2011年巴西乙醇总产量的一半多。如果纤维素乙醇的产量持续低于预期，且环保署继续其当前政策，即减少对纤维素乙醇的授权来维持对其他乙醇的授权，那么情况很快就会变得难以维持。打个比方，如果纤维素乙醇的数量能满足人们对其需求的 25%，其中数量多来自于贸易，那么高级燃料的潜在需求在 2022 年将增加至 150.8 亿加仑（表 4）。这个数量已经大到足以扭转贸易流通，足以使世界乙醇价格增长及推动美国玉米淀粉乙醇的出口。

表 4　美国环保署放弃纤维素生物燃料为甘蔗乙醇进口创造的潜在市场

单位：百万加仑

	2009	2010	2011	2012	2013	2014	2015	2016	2017	2018	2019	2020	2021	2022
潜在的高级燃料空缺	0	0	0	0	0	80	580	1 080	1 580	2 080	2 580	2 580	2 580	3 080
放弃的纤维素乙醇	0	7	7	9	250	438	750	1 063	1 375	1 750	2 125	2 625	3 375	4 000
新的隐含的高级燃料空缺	0	0	143	491	580	1 393	2 830	4 268	5 705	7 330	8 955	10 455	12 705	15 080

注：阴影部分为笔者预测的 2012 年之后的纤维素乙醇产量。

来源：笔者对《2007 年能源独立和安全法案》的扩展。

另一个影响产业内贸易如何发展的因素就是我们所知道的混合墙，即对美国发动机燃料市场吸收额外乙醇能力的约束。直到现在，用于美国传统车辆的乙醇混合率被限制在 10%（E10）。混合燃料汽车的乙醇使用量（FFVs）占到了 85%，其数量受到了限制，且绝大多数现存的这些车辆集中在远离人口集中海岸区的中西部[①]。每年发动机燃料的需求量介于 1 400 亿～1 500 亿加仑，即使使用 85%乙醇的车辆的销售额很少，但美国在 2011 年仍然消耗了 1 400 亿加仑以上的乙醇，10%的混合市场将要接近饱和（Thompson 等，2012）。环保署最新出台的规章允许 2001 年及以后年份生产的车辆使用乙醇混合率最高为 15%的燃料，但是障碍依旧存在。因为 2001 年以后和之前生产的车辆在外观上没有区别，所以确保消费者购买使用正确的燃料，对于监督方或零售商来说都是很困难的，他们自己也表达了这种担忧。甚至到了今天，很多新车的特约条款也特别列明，限制 10%乙醇混合率的燃料。消费者也只能在很有限数量的加油站

① http：//www. afdc. energy. gov/fuels/ethanol _ locations. html.

里进行选择，而加油站有限的容量无法同时供应 10%和 15%乙醇混合率的燃料，这限制了混合墙的向外扩张（Wisner，2012）。

混合墙的存在造成了填补潜在高级燃料空缺的竞争。进口乙醇被用来满足发动机燃料的需求，抬高了依从成本，且降低了零售市场上乙醇的价值。这将会推动美国过量生产乙醇，除了能够用于填补潜在可再生能源的缺口，还能出口至其他国家而不是进行国内消费。随着馏分油市场消费链限制的降低，混合墙也使得过量的生物柴油能更有效地与进口甘蔗乙醇竞争。正因为这样，生物柴油的价格和它们相对应的可再生识别码价格，将对美国与巴西的乙醇产业内贸易的速度和范围起到举足轻重的作用。

巴西和美国间的产业内贸易不太可能以升计算，且因为每年原料（甘蔗和玉米）价格、混合墙、运输费用和油价的不同，两国间的贸易比例也逐年波动。货运费最终将由两国发动机燃料的消费者承担，且在政策影响下的相对弹性，将确定谁为运输买单，以及最终在夜间通过的运输乙醇的船只数量。即使没有被进程分离，巴西对混合要求的政策越严格，产业内贸易的可能性越大。

5 巴西政策和响应

在 1973 年石油禁运和相应的石油价格暴涨时，巴西超过 80%的国内消费依赖于进口，国际糖价给生产商带来了不小的经济压力（Hira 和 de Oliveira，2009）。1975 年巴西出台了国家乙醇计划，旨在提高外汇和农村、农业发展。由于市场交互频繁，乙醇地位提高，包括其固定价格、强制购买、减税和使用 100%乙醇作为燃料的车辆。乙醇和汽油的最低混合规定出台了，尽管这不要求汽车制造商立即做出反应，但是在整个 20 世纪 80 年代，持续的市场交互刺激了使用 100%乙醇燃料车辆的销售（巴西甘蔗行业协会，未注明日期）。持续增长的糖价、低迷的石油价格和乙醇固定销售价的增长给该行业带来了显著的压力；在 20 世纪 90 年代前半段时间，巴西是乙醇的进口国（Rosillo-Calle 和 Corez，1998）。1993 年，巴西政府通过了一条法律，规定所有的汽油必须混入 20%～25%的乙醇。

到了 20 世纪 90 年代末，尽管相对于汽油而言，乙醇仍旧享受着税收上的优惠，但是连同汽油和甘蔗市场一起，所有无水和含水乙醇的价格都自由化了。

2004 年，巴西政府给予混合燃料汽车和纯乙醇燃料汽车一样的税收减免优惠，因此混合燃料汽车在巴西的销量飞涨。混合燃料汽车扩张迅速，到了 2005 年，占据了绝大多数的汽车和轻型载货车的销量，到了 2008 年，其占有额达到了 90%以上。目前，乙醇用两种方式进入巴西发动机燃料市场。第一，旧的纯乙醇燃料汽车消耗 100%的纯乙醇，这些车辆的销量已经大幅下降；第二，占据目前主要市场的混合燃料汽车消耗乙醇。混合燃料汽车的消费者在购买燃料时可以选择混合燃料的加油站，并基于乙醇和汽油的价格来选择乙醇的混合比例，当然这个比例必须介于政策规定的最小值和混合燃料汽车工艺规定的最大值之间。混合燃料汽车允许的乙醇混合比例范围很大，但要遵循政策规定的 20%～25%。在最低混合值成为制约前，消费者可能对价格都非常敏感。但从短期来看，纯乙醇燃料汽车的消费者对乙醇价格反应迟钝（他们不可能抛弃乙醇燃料），但是他们将尽可能选择其他车辆代替。最低混合率支持乙醇消费，但是无法区分混合的原料和流程。最低混合率提供了一种机制来促进产业内贸易。

从程式化的静态比较运动（图 3）可以看出，当美国从巴西进口乙醇以满足其对高级燃料的需求时，乙醇的市场价格就会增长，刺激巴西再进口乙醇以满足其市场和法定需求。替换量的决定因素取决于相对消费者需求和法定数量的供应定位（基于前面提到的混合率）。产量不足或贸易需求的增加都会促生国内供应的转变。如果巴西市场均衡即不限制混合率（反映在图 3 的 S_1-D），那么从美国进口乙醇数量的增加会使得国内供应量从 S_1 减少到 S_2，巴西消费者可能会用降低混合燃料汽车乙醇混合率的方式，来减少他们对乙醇的消耗。巴西乙醇市场大部分的调整可能会导致内需减少（Q_1-Q_2），从而引发价格的微小变化（P_1-P_2），这个价格变化可能不足以引起乙醇的大量进口。如果加大对混合率的限制（S_3-S_4），有效需求将会减少（Q_3-Q_4），价格会上涨（P_3-P_4），从而导致进口大量乙醇，而正如我们在 2011 年见证的那样，美国很可能就是巴西乙醇的供应商。

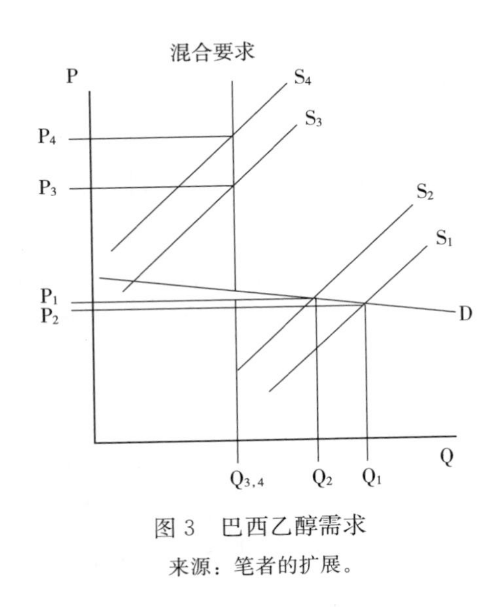

图 3　巴西乙醇需求

来源：笔者的扩展。

6　与欧洲可再生能源指令的交集（RED）

目前，考虑到美国和巴西政策的主要内容，对政策性产业内贸易的规模进行了分析。然而，尽管欧盟主要用生物柴油（2011 年占到了生物燃料消费的 80%；美国农业部对外农业服务局，2011）作为主要的生物燃料混合成分，而很少进口巴西（或者美国）的乙醇。近来欧盟政策的发展和燃料市场运输等因素可能会刺激未来乙醇产业内贸易的发展，这不仅仅局限在美国与巴西间的贸易流通，还包括了欧盟。

7　欧盟政策

欧盟关于鼓励将可再生能源用于运输的政策框架可追溯至 2003 年的指令 2003/30/欧盟，该指令预见了一个不具约束力的目标，即 2010 年用于运输的可再生能源市场渗透率为 5.75%。然而到现在为止还没有针对指令 2003/30/欧盟的一个确切的影响评估，初步估计认为，这个目标将会或已经无法完成（Sorda 等，2010；欧盟，2012）。为了应对渗透率低的问题，该目标已经扩至 2020 年的 10%的市场渗透率，并于 2009 年将约束力列入气候变化和能源方案①。但是，新的气候与能源方案，在针对用于运输的可再生能源这一问题上，允许不同的可再生能源计入这 10%的目标，比如可再生电能，氢气，生物燃料以及其他第二代和土地外的生物燃料。该指令在真正实施时，重点还是放在生物燃料上（Klessman 等，2011）。成员国对他们的《国家可再生能源行动计划》最新的预测指出，传统生物燃料将占该目标的 88%（Beurskens 等，2011），而在这些生物燃料中，生物柴油将占 75%②。

除了纯粹的量化目标，成员国对他们的《国家可再生能源行动计划》最新的预测指出，传统生物燃料、乙醇和生物柴油将占该目标的 88%（Beurskens 等，2011）；气候变化方案也设立了温室气体减排量的最低目标。预计到 2017 年，与矿物燃料相比，生物燃料在它们的生命周期内能减排 35%的温室气体，2018 年减排 50%，2017 年后开始的设备生产能减排高达 60%的温室气体③。气候变化方案也包含了永续基准，该基准要求用验证方案来证明上述温室气体减排目标已完成。免税和配额是实现这些目标的主要动力（Klessmann 等，2011）。

将温室气体减排纳入考虑范围的需要，开启了两个主要案例：一是潜在减排量包括间接土地使用变化（ILUC）的影响；二是仅用其直接影响来定义减排量。图 4 基于间接土地使用变化和生物燃料是用来生产生物柴油或乙醇，总结了生物燃料的原料对于减排的可能性，指出影响是截然不同的。除了间接土地使用变化，无论是否用于生物柴油或生物乙醇，基本上所有的原料都可以为温室气体减排 50%清除障碍。忽略掉可能存在的，对生物燃料生产起到限制作用的混合墙（图 4），这显示了当前原料使用和生物燃料生产的趋势将持续。相对照地，包括间接土地使用变化在内（Laborde 报道，2011），可再生能源指令的气候变化方案规定，基本禁止

---

① 气候和能源方案暗示了欧盟三个主要立法的修订本：可再生能源指令（指令 2009/28/欧盟），欧洲碳排放交易指令（指令 2009/29/欧盟）和燃料品质指令（指令 2009/30/欧盟）。

② 来自于原始森林、生物多样性的草原、保护区或富碳区的生物燃料除外。

③ 用于运输的共 32 859 吨油当量的可再生能源中，用了 21 649 吨油当量的生物柴油（65.9%）和 7 307 吨油当量的乙醇（22.2%）。

使用所有的传统生物柴油原料。在其他条件相同的情况下，这样的境况说明，欧盟不得不从带有足够温室气体减排可能性的原料入手来满足其需求。而事实上，只有甘蔗乙醇符合其要求，也只有巴西可能会为其提供这些额外的数量。Laborde（2011）预测显示，到 2020 年，欧盟得从巴西进口 6 500 吨油当量的甘蔗等同物来满足其要求。如果乙醇进口关税[①]仍然存在，那么就要新增 50 万公顷的土地用于种植甘蔗；如果贸易自由化，那么将近 100 万公顷的土地需用于种植甘蔗。

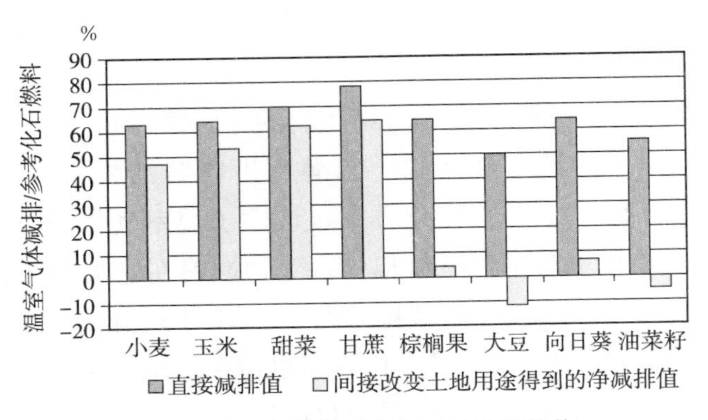

图 4　欧盟生物燃料温室气体减排数值

来源：Laborde，D.（2011）。

巴西蔗糖平均产量为每公顷 96.7 吨，这意味着欧盟 27 国将要进口 4 800 万～9 600 万吨的蔗糖等同物，也就相当于 3 500 万亿升的乙醇[②③]。单单就欧盟的车型结构来看，大量增加乙醇进口量在实际操作中也是不可能一下子实现的，由于极度依赖柴油车，他们不会允许消耗这些量。这种转变就要求乙醇的混合率增加至超过 45%，欧盟的车辆并没有做好迎接这个转变的准备。欧盟大幅度增加甘蔗乙醇的进口量，也可能对巴西提出高要求，去普及他们强制的混合需求（20%），这也将刺激巴西自身的进口需求。反过来，这些乙醇只能从美国出口到巴西。而由于美国仍旧需要大量的甘蔗乙醇来保证他们上涨的定额，这很可能会进一步促进美国与巴西之间的乙醇产业内贸易。

① 19.2 欧分每升，或者约 85 美分每加仑。

② 每吨甘蔗可提取 73.71 升乙醇。

③ 这些数据也包括巴西当前混合值从 20%增加至 35%带来的影响。

当前，欧盟可再生能源指令内的生物燃料政策仍随着目前委员会的决议不断变化着，委员会决定用间接土地使用变更来计算温室气体的减排量，并于2020年实现以5%的食物商品原料生成10%用于运输目的的可再生能源这一目标。如今美国和欧盟都将采用土地利用变更计算，但是他们采取了显著不同的评估数值，并采用不同的标准来界定燃料的合规性。欧盟采用土地利用变更，将大部分的生物柴油产品从可再生能源指令合规产品中去除了，但很多乙醇产品变得合规化。欧盟的乙醇生产也将在之后与潜在的更廉价进口商品竞争。当下的政策环境要求乙醇的实际贸易需要得到授权，要求使用质量平衡体系而非登记或者声明体系来实现可持续性标准（可再生能源指令第18条）。落实该条款以保证生物燃料目标可以促进可持续生物燃料附加产品的生产。欧盟乙醇进口关税拟议中降至19.2克拉每升有利于进口。Laborde认为，国家经济情况将有助于巴西出口甘蔗乙醇，这也将使得巴西和美国在现存备品上产生竞争。增加巴西自身的进口需求，从美国进口谷物乙醇，例如产业内贸易。如果美国从巴西进口大量的乙醇以满足其高需求，美国富余的玉米炼制的乙醇将进军欧洲市场，占用于运输行业的可再生能源的比例高达5%[①]。多余的欧盟生物柴油产能将重新投放进出口市场。

8 生物燃料运输并不纯粹是国际化的

政府实体间独立的政策导致生物燃料使用上有很少的净收益并不只存在于不同国家之间。在加利福尼亚行政命令5-1-07中[②]，加利福尼亚空气资源局（CARB）实施了低碳燃料标准，根据单种燃料的温室气体减排数值来对它们进行评分，然后设立一个具体的温室气体排放量的目标[③]。该政策规定燃料必须是在加利福尼亚州境内消耗的，但与燃料相关的可再生识别码仍旧按照全国的可再生燃料标准2使用。只要可再生燃料是在加利

① 如果甘蔗乙醇和玉米乙醇能够在传输环节同等地达到再生能源的10%，则对于甘蔗乙醇降低的温室气体（GHG）的数值越多，越能够在能源部分接近20%的GHG减排目标。

② http://www.arb.ca.gov/fuels/lcfs/eos0107.pdf.

③ http://www.arb.ca.gov/fuels/lcfs/lcfs.htm.

福尼亚州使用，就被认为是遵照低碳燃料标准和美国可再生燃料标准，但是，加利福尼亚和美国环保局之间在界定温室气体减排数值上的区别会影响生产流程和可燃物类型。美国可再生燃料标准阈值指出，一旦可再生燃料的途径打破了所需的最低要求，就不能进一步改善温室气体的减排值。低碳燃料标准指出，就理论上而言，可再生燃料途径的每一次改进都伴随着更大的温室气体减排值，这会增加加利福尼亚燃料的价值。然而，基于使用单种燃料需要遵守州和国家的规定这一事实，低碳燃料标准在减少美国温室气体排放上的影响力已经趋缓。

遵照低碳燃料标准，巴西的进口商品可能需要转运到加利福尼亚港口以生成可再生识别码，然后再运送到其他州。生物柴油可以在美国中西部生产和使用，运到加利福尼亚的再生能源识别码需独立符合美国可再生燃料标准。但重叠的低碳燃料标准政策规定，生物柴油，而不是电子信用额，必须运到加利福尼亚，以减少因运输燃料而产生的温室气体排放。在低碳燃料标准下，加利福尼亚的温室气体排量将会降低，可再生燃料识别码或许将再生甚至被出售给其他 49 个州以减少温室气体排放量。一旦将生物燃料的运输问题纳入考虑范围，那么温室气体排放的净效应则是不确定的。运输再生能源至加利福尼亚会增加其消费者成本（Kaufman 等，2009）。且美国可再生燃料标准和低碳燃料标准也会给加利福尼亚州人带来更大的强制义务，以增加他们的负担。

9 政策驱动的产业内贸易效应及应对措施

巴西和美国生物燃料政策上的交集为产业内贸易提供了必要条件，促进了看似有差异但本质相同的生物燃料之间的交叉贸易，而其他因素也决定了这能否发生及其发生的程度（图 5）。目前，巴西能以低成本生产符合美国政策的高级燃料。这一数据与 2011 年后期的情况相似，当时美国传统乙醇市场（最低限度地）还受到约束，而从巴西进口的低成本高级生物燃料被大力约束，巴西市场（最低限度地）也被约束。实际上，巴西后来通过出口高级生物燃料至美国清除了自己的乙醇市场，同时又从美国传统乙醇市场进口来代替本国出口的乙醇。这就导致政策上引起的两国贸易，也引发了燃料运至美国的成本（和相应的温室气体排放）。这使得巴西乙醇价格上涨，相对于巴西的自我 供给而言，其程度主要取决于国内供应量的大小，且需求是相对于供给而言的（图5）。随着巴西乙醇价格的上涨，美国传统乙醇市场很有可能会反过来运送至巴西，这将产生额外的运输成本，导致温室气体的排放，也会缓解巴西乙醇价格的上涨。

我们可以预测到该转变的结果，即巴西乙醇价格上涨，美国传统乙醇价格也上涨，美国高级乙醇价格下跌，且产生额外的运输成本。实际的贸易额和价格变化的幅度很大程度上取决于多种因素。以其中一个因素为例，石油的价格会影响市场供需。如果价格上涨，这可能使得石油需求大于供给，相对于汽油而言，玉米炼制的乙醇在美国和巴西市场上的价值也会上涨。在其他条件一致的情况下，美国和巴西市场的更有弹性的供需曲线可能会减少两国产业内贸易的比例。美国进口需求与高级燃料供给相适，因而不会大幅改变巴西市场的价格或限制美国出口商的反应。

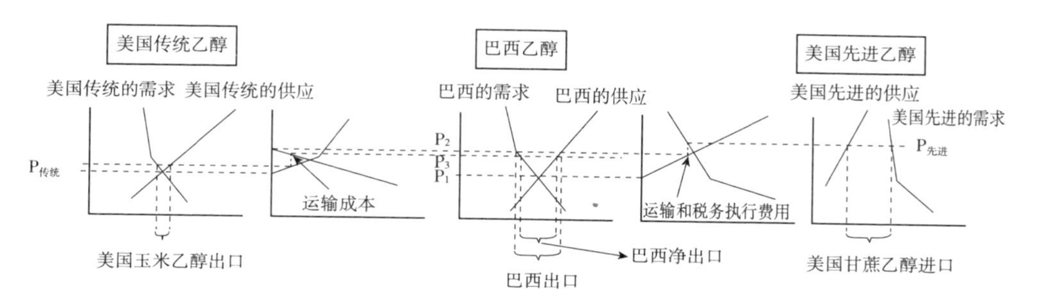

图5　巴西乙醇市场如何清除美国高级生物燃料和传统生物燃料市场，包括运输成本的供应和需求的代表性

来源：作者阐述。

甘蔗和玉米炼制的乙醇产量在产业内贸易比例的大小起到了至关重要的作用，然而它们的产量却与其销量呈负相关。就上述的趋势来说，蔗糖炼制的乙醇产量可能会增加巴西乙醇的现存备品，除去满足其自身政策需要的供给，从而减少出口至美国的量。相反地，美国玉米低产量很可能导致美国国内产生更有约束力的要求，以前过量的玉米淀粉乙醇被出口至巴西以换取巴西乙醇的进口，而现在这种情况会

越来越少[1]。两个市场相对需求与供给（因为受到政策和混合墙的影响，需求是高度非线性的）之间的弹性联系及市场条件（石油和原料的价格）将最终决定乙醇的交换量。在接下来的十年内，美国高级授权市场的规模将会大幅扩张，使得产业内贸易量很可能长期呈增长态势。

减少发动机燃料产生的温室气体排量是颁布生物燃料政策的一个重要动机，为了实现这一目标，效益损失可能会十分显著。巴西和美国间乙醇的运输也会排放温室气体，这些被视为政策驱动和产业内贸易的排量违背了政策目标[2]。此外，美国政策驱动的进口和随后的产业内贸易产生的运输成本，最终将由发动机燃料和柴油制品的消费者承担，成本的增加可能会减少生物燃料的需求及其消耗量。针对美国和巴西两国的交易义务体系（在相同的参数下，欧盟），将会进一步减少那些不协调行动的温室气体排放。

两国间的交易义务体系类似于美国国内的体系，或者欧盟提议却未执行的“登记与声明”体系。该体系可能会提高两国关于温室气体减排的政策的效率，并降低消费者的成本。美国已经实施了一个合规体系，来确保从巴西进口的乙醇能够促进两国政策的互动，从而使得美国以最低的额外成本来实现方案的实施。巴西生产乙醇时就要有可再生识别码，美国从巴西进口的乙醇同样需要有，且美国带有可再生识别码的乙醇还需符合美国可再生燃料标准，淘汰掉了物理乙醇的运输。

为了避免巴西重复计算这种乙醇，最低混合要求将会转变为可再生识别码体系。在该体系中，带有识别码的巴西甘蔗乙醇被运送至美国，这些乙醇是不计入巴西最低混合标准里的。如今这些乙醇基于，足量的可再生识别码数量等同于20％的燃料销售量，而非单种发动机燃料每加仑的物理混合率最低为20％。除了目前未指明用途的甘蔗乙醇，如果巴西人还需要额外的乙醇来满足其最低混合要求，可以从美国获得传统的可再生识

---

① 美国为弥补所示扩大差距（O）的进口将与生物柴油［超出其自身命令（B）］进行竞争，这将会受到“混合墙”的影响，也会影响国内（美国）市场相对于巴西市场（此类限制极为有限）额外玉米乙醇的价值。

② 作者还不清楚买空卖空的可能性是否包含在可再生燃料温室气体减排评分中，或者甚至是一个人如何分配此种排放。

别码，再次免去运输物理乙醇的需要。[1] 巴西人消耗的乙醇数量可能背离了最低混合标准，但是跨国的最低净消耗量仍旧受到两个国家各自的政策约束。巴西可再生识别码体系将产生额外的税务执行费用，但它能通过免除混合每加仑汽油和利用地理定价的差异，来提高国内市场效益。

10 总结

如今，美国、巴西和欧盟鼓励物理上同类生物燃料的产业内贸易的不对等政策，与实现温室气体减排这一政策目标相悖。欧盟实施的可再生能源指令可能会促进美国与巴西间额外的产业内贸易，或进一步促进三个国家间的乙醇和生物柴油的交换，这部分有不同的温室气体评分标准，而这个标准是基于原料、燃料和过程的。产业内贸易的范围仅因为以下三个因素增加，分别是今后十年美国需求的增长，对高级燃料的需求大幅扩张和纤维素乙醇的生产仍旧受限。美国对于乙醇消耗或混合墙的中期限令，及欧盟对于乙醇和生物柴油的中期限令很可能会有助于扩张产业内贸易。涉及多国目标的跨国登记和声明体系可能会淘汰产业内贸易，甚至是欧盟质量平衡体系驱动下的贸易，降低成本，减少温室气体的排放。同时，该体系又会为消费者提高此类方案的效益及改善温室气体的排放。迄今我们看到的产业内贸易仍旧是冰山一角，因为其数量正在增加或更多的同类产品被不断分类和交易。现存的政策因为其高成本和庞大进口量的政治影响，可能被证明是无法维持的。笔者认为，“登记和声明”体系是一个高效的体系，且符合各国的目标。

---

[1] 巴西可再生识别体系也可能引起额外的合规费用，但也可能通过消除混合每加仑汽油的需求，利用巴西任意地理区域的定价差异提升国内市场效率，同时保持其最低混合限度。

参 考 文 献

Gracia, A., Barreiro-Hurlé, J. & Pérez y Pérez, L. 2011. Consumers' willingness to pay for biodiesel in Spain. European Association of Agricultural Economics 2011 Congress "Change and Uncertainty Challenges for Agriculture, Food and Natural Resources", 30 August to 2 September, Zurich (Switzerland).

Crago, C. L., Khanna, M., Barton, J., Giuliani, E. & Amaral, W. 2010. Competitiveness of Brazilian sugarcane ethanol compared to US Corn ethanol. Poster prepared for presentation at the Agricultural & Applied Economics Association 2010, AAEA, CAES, & WAEA Joint Annual Meeting, Denver, Colorado, 25-27 July 2010.

European Commission (EC). 2012. EU energy in figures: pocketbook 2012. Luxembourg, Publications Office of the European Union.

Beurskens, L., Hekkenberg, M. & Vethman, P. 2011. Renewable energy projections as published in the National Renewable Energy Action Plans of the European Member States. Petten, Netherlands, European Research Centre of the Netherlands (ECN) and European Environmental Agency (EEA).

Food and Agricultural Policy Research Institute (FAPRI). US biofuel baseline and impact of E-15 expansion on biofuel markets. FAPRI-MU Report 02-12. 2012.

Hira, A. & de Oliveira, L. G. 2009 No substitute for oil? How Brazil developed its ethanol industry. Energy Policy, 37: 2450-2456.

Kaufman, J., Thompson, W. & Meyer, S. 2009. Implications of the low carbon fuel standard for state and national ethanol use. University of Missouri, Department of Agricultural Economics Working Paper No. AEWP 2009-05.

Klessmann, C., Held, A., Rathman, M. & Ragwitz, M. 2011. Status and perspectives of renewable energy policy and deployment in the European Union: what is needed to reach the 2020 targets? Energy Policy, 39: 7637-7657.

Laborde, D. 2011. Assessing the land use consequences of European biofuels policies. Report by ATLASS Consortium for DG TRADE under Framework Contract TRADE/07/A2, Brussels.

OECD/FAO. 2012. OECD-FAO Agricultural Outlook 2012-2021. Paris, OECD Publishing and Rome, FAO (available at http: //dx. doi. org/10. 1787/agr _ outlook-2012-en) .

Energy Policy Act of 2005, Public Law 109-58 (2005) .

Energy Independence and Security Act of 2007, Public Law 110-140 (2007) .

Roosen, J. , Marette, S. , Blanchemanche, S. & Verger, P. 2007. The effect of product health information on liking and choice. Food Quality and Preference, 18: 759-770.

Rosillo-Calle, F. & Cortez, L. A. B. 1998 Towards ProAlcool II: a review of the Brazilian bioethanol programme. Biomass and Bioenergy, 4 (2): 115-124.

Schmitz, N. 2007. Certification to ensure sustainable production of biofuels. Biotechnology Journal, 2: 1474-1480. doi: 10. 1002/biot. 200700176.

Sorda, G. , Banse, M. & Kemfert, C. 2010. An overview of biofuel policies across the world. Energy Policy, 38: 6977-6988.

Thompson, W. , Meyer, S. & Westhoff, P. 2009. Renewable identification numbers are the tracking instrument and bellwether of US biofuel mandates. EuroChoices, 8 (3): 43-50.

Thompson, W. , Meyer, S. & Westhoff, P. 2011a. What to conclude about biofuel mandates from evolving prices for renewable identification numbers? American Journal of Agricultural Economics, 93 (2): 481-487.

Thompson, W. , Meyer, S. , Westhoff, P. & and Whistance, J. 2012. A question worth billions: Why isn't the conventional RIN price higher? FAPRI-MU Report 12-12, FAPRI, University of Missouri, Columbia, Missouri, December.

Sugar Cane Industry Association of Brazil (UNICA). (no date) . Ethanol-powered automobiles statistics. Light vehicle sales (available at http: //english. unica. com. br/dadosCotacao/estatistica/) Accessed 31/10/2012.

USDA FAS. 2011. EU-27 Annual Biofuels Report. GAIN Report NL1013. The Hague, United States Department of Agriculture.

USDA. 2007. Ethanol transport backgrounder. Washington DC, United States Department of Agriculture, Agricultural Marketing Service, Transportation and Marketing Programs, Transportation Services Branch (available at http: //www. ams. usda. gov/AMSv1. 0/getfile? dDocName=STELPRDC5063605) . Accessed 31/10/2012.

Wisner, R. 2012. Ethanol exports: a way to scale the blend wall? Renewable Energy & Climate Change Newsletter, February. Agricultural Marketing Resource Center, Iowa State University.